LE TEMPS EXPLIQUÉ AUX NULS ET AUX AUTRES

Patrice F. Dassonville

LE TEMPS EXPLIQUÉ AUX NULS ET AUX AUTRES

NomBre7 éditions

DU MEME AUTEUR

L'INEXISTENCE DU TEMPS
(Persée 2012)

THE INVENTION OF TIME & SPACE
(Springer 2017)

JOURNAL D'UN AVENTURIER RATÉ
(Nombre7 Éditions 2023)

INTRODUCTION

Le temps a longtemps résisté à la recherche : personne n'a réussi à le définir, à identifier sa nature, à décrire ses propriétés. Il est systématiquement confondu avec des événements. Par exemple, parle-t-on du temps quand on parle du passé ? Non, on ne parle que d'événements passés ! C'est sans doute pourquoi Einstein lui-même aurait aimé développer une Théorie de la Relativité sans temps et sans espace ; mais il ignorait comment procéder…

Jusqu'à ce qu'en 2012, une investigation pluridisciplinaire approfondie permette de démontrer que le temps n'était pas un phénomène, mais une astucieuse invention de la pensée : un concept.

Voici la relation de ce bouleversement culturel et scientifique.

CHAPITRE I

COMMENT PROCÉDER

Pour comprendre la question du temps, il faut mener une analyse critique de ce qui se répète spontanément, remplacer les habitudes du langage courant par une sémantique [1] rigoureuse, rejeter les idées reçues. À cet effet, il est indispensable de respecter les quelques règles élémentaires auxquelles nous nous sommes astreints.

LES ERREURS À PROSCRIRE

Utiliser les mots « temps », « durée », ainsi que leurs unités est proscrit tant que ces termes ne sont pas définis. Dans les exemples suivants, les mots interdits sont barrés, et j'explique pour quelle raison :

[1] Sémantique : du Grec *sêmantikos* (signification) : étude du sens.

- *La seconde est la ~~durée~~ de…* (Début de la définition de la *seconde* par le BIPM de 2022) [1] : « durée » n'est pas définie ; la rédaction de cette définition internationale doit être révisée.

- *La durée d'un phénomène est le ~~temps~~ qui s'écoule entre…* : temps et durée désignent la même chose ; alors définir l'un par l'autre est un sophisme. Les métaphores[2] plus ou moins poétiques, ici « le temps qui s'écoule », sont redoutables : contrairement à ce qu'on pense, elles n'apprennent rien.

- *La durée du présent* : le « présent » désigne nécessairement un « événement présent » et non le « temps présent », parce que la « durée du temps présent » est un sophisme.

DISTINGUER RÉALITÉ ET CONCEPT

La distinction entre une réalité (un objet, un événement, un phénomène ou un fait) et le concept[3] correspondant est primordiale : les objets, les événements, les phénomènes, les faits, sont observables, détectables, mesurables, alors que les concepts correspondants ne le sont pas, car ce sont des constructions mentales. Quatre exemples :

---

[2] Métaphore : du Grec *metaphora* (transposition) : expression imagée, mais. erronée ; ex : le temps passe.

[3] Concept : idée construite à partir d'une réalité.

- Tous les artistes (… Masaccio en 1427, Dürer en 1504, Cranach en 1513, Titien en 1550…) ont représenté *Adam* et *Ève* avec un nombril, ce qui est un anachronisme[4]. On voit leur nombril, mais on ne voit pas l'anachronisme parce qu'un concept n'est pas observable ; l'Histoire de l'Art n'a pas relevé cette étrangeté.
- On voit un sujet qui a peur, parce que c'est une réalité, mais on ne voit pas la peur en tant que telle, parce que la peur est un concept.
- Le médecin voit le patient qui souffre, parce que le patient qui souffre est une réalité observable, mais il ne voit pas la douleur, parce que la douleur est un concept.
- Peut-on mesurer la longueur d'un objet ? Non, c'est impossible car la longueur n'existe pas dans la nature ; on ne peut ni la voir, ni la mesurer. En fait, on mesure ce qui sépare les deux extrémités de l'objet : le résultat est appelé « longueur de l'objet ».

DÉFINIR LE TEMPS

Définir, c'est dire ce que c'est. Tout est définissable, excepté ce qu'on ne connaît pas. La définition est une nécessité élémentaire de la connaissance, à défaut de laquelle on s'enlise dans des explications approximatives ou des

[4] Anachronisme : du Grec *ana* (contraire), incompatibilité entre une réalité et sa représentation.

opinions simplificatrices. Dans la *Vie de Cicéron*, le biographe grec Plutarque (c.46-c.126) avertit : « *L'opinion a une grande force pour effacer la raison* » (*23, 3*) [2].

Quelle est la nature du temps ? Est-ce un phénomène physique, comme la chaleur ou le bruit ? Ou un concept comme la peur ou la douleur ? Par exemple, peut-on mesurer la durée d'une course ? Observons comment procède le chronométreur : il regarde ce que fait le chronomètre entre le départ et l'arrivée (Figure 1). Bien que le résultat soit appelé « durée de la course », il n'y a pas de mesure de durée.

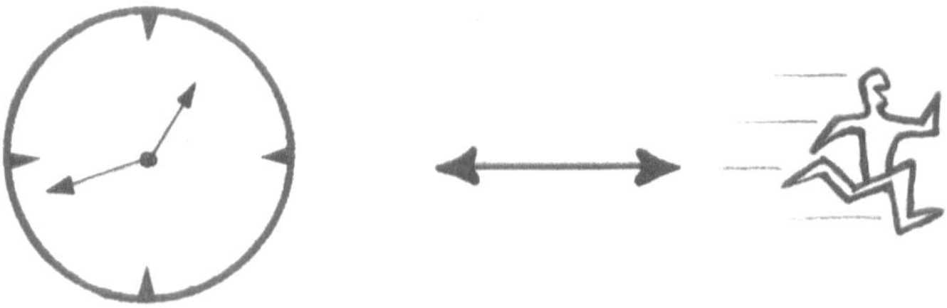

Fig. 1 : La durée de la course est ce que fait le chronomètre entre le départ et l'arrivée du coureur.

Le temps résistant aux définitions, j'ai contourné la difficulté, en recherchant dans les textes anciens les premières traces de temporalité [5] pour exploiter ce qu'elles sont susceptibles de révéler.

[5] Temporalité : désigne tout ce qui se rapporte au temps.

Dans la *Vie de César*, Plutarque écrit : « *César étant de loisir* (au lieu de : « ayant du temps libre »), *il lisait un ouvrage sur Alexandre* » (*11, 5*) [2] ; et dans la *Vie d'Alexandre*, Plutarque écrit : « *Quand il était de loisir* (au lieu de : « quand il avait du temps libre »), *aussitôt levé,* (Alexandre) *offrait un sacrifice aux Dieux et, immédiatement après il déjeunait, assis* » (*23, 3*) [2].

CHAPITRE II

UN PRÉCURSEUR DU TEMPS

L'avènement de l'écriture met un terme au « *tempus mutum a literis* », l'âge silencieux sans écriture, déploré par l'érudit romain Cicéron (106-43) [3]. Il permet de découvrir un précurseur majeur de la temporalité : l'éternité.

L'AVÈNEMENT DE L'ÉCRITURE

L'écriture idéographique [6] inventée à Sumer en basse Mésopotamie [7], est caractérisée par des représentations simplifiées d'objets courants, d'images stylisées de plantes, d'animaux, de maisons, de l'eau. La géométrisation de l'écriture idéographique donne naissance à l'écriture

---

[6] Idéographique : du Grec *idea* (idée).

[7] Mésopotamie : du Grec *mésos* (entre) et *potamos* (fleuve : le Tigre et l'Euphrate).

pictographique [8] un peu avant 3300 AEC [9] (Avant l'Ère Commune), puis à l'écriture cunéiforme[10] à partir de 3300 AEC [4].

Dans l'Égypte ancienne, l'écriture se présente sous trois formes : les hiéroglyphes [11] apparus vers 3100 AEC ; l'écriture hiératique [12] qui est une écriture cursive, simplification des hiéroglyphes, apparue vers 2400 AEC ; et l'écriture démotique[13] issue d'une simplification de l'écriture hiératique ; elle est utilisée par le peuple à partir du VIIe siècle AEC [4].

Dans *L'Enquête*, l'historien grec Hérodote (484-425) raconte qu'au cours de son voyage en Égypte, il s'est fait traduire quelques hiéroglyphes. Malheureusement, il n'a rien rapporté : il eut inventé l'égyptologie. Toutefois, sa description du pays montre ce que la Grèce, Rome et le Monde doivent à l'Égypte ancienne [5].

---

[8] Pictographique : du Latin *pictus* (peint).

[9] AEC : avant l'ère commune. EC : ère commune. (par conventions universitaires internationales).

[10] Cunéiforme : du Latin *cuneus* (coin).

[11] Hiéroglyphe : du Grec *hieros* (sacré) et *gluphein* (graver) : gravure sacrée.

[12] Hiératique : du Grec *hiéros* (sacré)

[13] Démotique : du Grec *dêmos* (peuple).

L'ÉTERNITÉ

Dans *De rerum natura,* l'érudit Latin Lucrèce (c.96-55) évoque « *le malheur des humains qui ont attribué tant de choses aux Dieux* » (*Chant V, 1194*) [6]. Les logographes[14] racontent que les Dieux[15] ont créé les hommes pour que ces derniers les servent et les honorent ; mais, déçus par le résultat et craignant d'être dépassés par leurs créatures, les Dieux ont rendu les hommes mortels grâce au vieillissement.

Dans la Guerre du Péloponnèse, le fondateur Grec de la science historique, Thucydide (c.465-c.395) remarque : « … en écrivant l'histoire, (les logographes) étaient plus soucieux de plaire à leur public que d'établir la vérité » (Livre I, 20 & 21) [7].

Le refus de la mort a amené l'idée rassurante de vie après la mort : l'éternité est la première manifestation hiératique de la temporalité. Elle permet aussi de résoudre le mystère en verrouillant la question « Qui a créé tel ou tel Dieu ? » : personne, car les Dieux sont éternels donc incréés.

Les monarques possédaient un caractère divin. Leur proximité avec les Dieux les rendait immortels sous certaines conditions.

[14] Logographe : du Grec *logos* (discours), rédacteur de textes dépourvus d'historicité.

[15] Avec majuscule, car leurs Dieux ne sont pas inférieurs aux nôtres.

EN ÉGYPTE

Dans l'Égypte ancienne, ces conditions sont expliquées en détail par les textes hiéroglyphiques et par une iconographie[16] virtuose, peints ou gravés à l'intérieur des mastabas[17].

Sur le hiéroglyphe composite (Figure 4), le Soleil ailé représente le Dieu solaire Ré créateur du vivant : la course du Soleil, avec les alternances du jour et de la nuit, symbolise la renaissance après la mort, d'où l'idée d'éternité ; les deux cobras adjacents protègent contre le mal [8].

On retrouve ce hiéroglyphe en Perse, en Mésopotamie, en Phénicie, dans l'empire Hittite (centre de la Turquie moderne). Curieusement, l'architecture et la numismatique grecques et romaines n'en portent pas de traces.

Fig. 4 : Précurseur sacré du temps et de l'espace (IIIe millénaire)

[16] Iconographie : du Grec *eikôn* (image).

[17] Mastaba : tombeau d'un personnage important dans l'Égypte ancienne.

Djed, une amulette en forme de pilier (Figure 5), permet au Pharaon de revivre éternellement dans l'au-delà [9]. Il symbolise l'épine dorsale d'Osiris, le Dieu de la renaissance après la mort [10] .

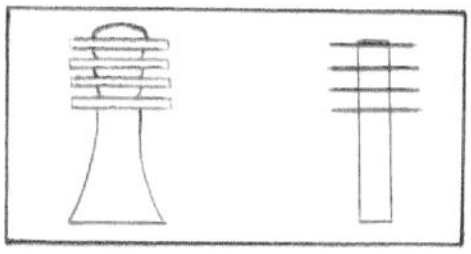

Fig. 5 : Deux représentations du Djed

DANS L'EMPIRE HITTITE

Les souverains Hittites sont représentés coiffés d'une corne symbolisant leur essence divine, donc leur immortalité. Le sceau (Figure 6) montre l'Empereur Muwatallu qui régna de 1295 à 1290. Portant la tiare ornée de cornes, il est en compagnie de son fils Urhi-Tésup, qui régna de 1290 à 1283 [11].

Tésup veut dire taureau ; le hiéroglyphe de la tête de taureau, pour la syllabe « *mu* », est un emblème divin ; on lit à gauche en écriture hiéroglyphique hittite : *le grand Roi Muwatallu* (le petit croissant signifie *grand* ; le triangle segmenté signifie *roi*) ; à droite il est écrit trois fois *Grand Roi*, sous le hiéroglyphe *Dieu*, en forme de « W », lui-même sous un soleil ailé. De sa main gauche, le roi rend hommage au *grand Dieu* lunaire. Les titulatures[18] royales en écriture cunéiforme sont disposées en périphérie [11].

Fig. 6 : Un sceau de Muwatallu

EN MÉSOPOTAMIE

L'Épopée de Gilgamesh, un chef-d'œuvre daté vers 1700 AEC, est gravé en écriture cunéiforme sur onze grandes tablettes d'argile (+ une tablette fragmentaire) qui furent mises au jour en basse Mésopotamie ; on lit : « *Quand les Dieux ont créé l'humanité, c'est la mort qu'ils ont réservée aux hommes* » ; Mais le légendaire souverain Gilgamesh (entre 2900-2350 AEC) supplie le Dieu solaire Shamash de l'épargner de la mort, lui et son double Enkidu [12].

[18] Titulature : titre, fonction, mandature, etc.

CHAPITRE III

L'INVENTION DU TEMPS

Dans un ouvrage d'archéologie, paru en 1937 [12], je tombe sur un signe cunéiforme qui signifie *mois* ; *arhu* en Sumérien (prononcer *arou*) (Figure 7).

FIG. 16. — ÉVOLUTION DES SIGNES CUNÉIFORMES.
A gauche, le signe archaïque; au centre, le signe néo-babylonien; à droite, le signe assyrien.

Fig. 7 : 1ère colonne, 3e ligne : le mois en Sumérien.

L'auteur, le Dr. Conteneau, à l'époque conservateur des Antiquités Orientales au Musée du Louvre, précise que ce signe a été trouvé, gravé sur une tablette d'argile mise au jour à Sumer et datée entre 2800 et 2500 AEC : c'est la première trace écrite de temporalité.

L'invention des Sumériens est considérable parce qu'elle marque l'émergence de la temporalité.

Le lecteur appréciera l'efficacité de l'interdisciplinarité, ici l'Archéologie.

DÉFINITION DU MOIS

Comment les savants Sumériens sont-ils parvenus à ce bouleversement culturel ? J'ai reconstitué leur très probable approche :

- En observant les mouvements de la Lune,
- Ils ont remarqué qu'elle se retrouvait régulièrement dans le même état (forme et lieu).
- Ils ont appelé *arhu* ce qui sépare deux états identiques successifs de la Lune.

(Réalité observée) *(Concept non observable)*

Fig. 8. L'invention du mois (arhu)

Le mois peut alors être défini :

« Le mois est un concept correspondant à
ce qui sépare deux états identiques successifs de la lune »

Les mouvements de la Lune, la répétition de ses états, sont des réalités observables. Par contre, *arhu*, autrement dit le mois, n'est ni observable, ni mesurable car c'est une construction mentale ; il n'existe pas dans la Nature.

Les Sumériens ont progressivement utilisé *arhu* comme référence dans l'organisation de leur existence : Ex. « *Le bateau revient dans 6 arhu* ». *Arhu* correspond au mois lunaire qui est d'environ vingt-neuf jours et demi. Notre mois grégorien[19] varie entre vingt-huit et trente et un jours.

Ce signe cunéiforme majeur ne figure dans aucune étude sur le temps ; je l'ai introduit en 2012.

DÉFINITION DE L'ANNÉE

Dans la *Vie de Numa*, Plutarque rappelle les valeurs erratiques [20] de l'année, entre un et dix mois selon les pays (*18, 6*) [2]. D'où l'âge extravagant atteint par les patriarches bibliques. C'est surtout une preuve de l'inexistence de l'année dans la nature. On voit le retour de la Terre à la même position

[19] Pape Grégoire XIII (1502-1585).

[20] Erratique : du Latin *erraticus* (errance, irrégulier)

par rapport au Soleil (révolution terrestre observable) et on l'appelle « année » (concept non observable).

La révolution terrestre est ce qui sépare deux états identiques et successifs de la configuration Terre-Soleil :

« L'année est un concept qui correspond
à une révolution terrestre »

Attention : ne pas dire que l'année est la durée d'une révolution terrestre.

DÉFINITION DU TEMPS

On va utiliser le mot « système » pour désigner un objet quelconque, comme un atome, une bactérie, un coureur, le couple Terre-Lune, etc. Un système se caractérise par son état, lequel change en permanence ; Lucrèce l'exprime brillamment : « *un état après un autre doit s'emparer de toutes choses, et rien ne reste semblable à soi-même : tout passe* » (*Chant V, 826*) [6].

Mois, année et seconde étant définis à partir de l'état d'un système, le concept de temps peut lui aussi être défini à partir de l'état observable d'un système quelconque :

PASSAGE D'UN ÉTAT À
UN ÉTAT DIFFÉRENT ---> TEMPS

Il s'en déduit une définition :

> *« Le temps est un concept correspondant*
> *à ce qui sépare deux états d'un système »*

Cette définition générale est assez rustique, mais il n'en existe pas d'autre ; et elle va générer de nombreuses extensions théoriques dont quelques-unes sont décrites plus loin. Pour les mêmes raisons que pour les unités, le temps n'est ni observable, ni mesurable, il n'a pas d'existence physique : ce n'est pas un phénomène mais un concept.

Quatre mille cinq cents ans après l'exploit des Sumériens, Einstein invente le concept d'espace-temps.

*

C'est ainsi que la temporalité a été inventée ; et c'est aussi pourquoi le temps n'est pas un phénomène.

CHAPITRE IV

CONSÉQUENCES DE L'INVENTION DU TEMPS

L'absence de phénoménalité du temps a des conséquences innombrables. Certaines doivent faire l'objet de recherches. J'en décris ici quelques-unes parmi les plus simples.

LE TEMPS RESSENTI

Chacun est convaincu que le temps est un phénomène : il passe, il s'écoule. De plus, chacun a le sentiment que le temps passe plus ou moins vite, en fonction de l'activité à laquelle il se consacre.

La confusion qui résulte de cette conviction et de ce sentiment disparaît grâce à l'introduction des concepts plus précis de « temps ressenti » et de « durée ressentie » [13].

- L'hétérochronie [21]

Dans les *Odes,* le poète latin Horace (65-5 EC) proclame : « *Fugaces labuntur anni !* » (Les années passent rapidement) (*Livre II, XIII*) [14]. Dans « *As you like it* » (Comme il vous plaira) le dramaturge anglais William Shakespeare (1564-1616) écrit : « *Time travels in divers paces with divers persons* » (Le temps passe à des rythmes divers avec des personnes diverses) (*Acte III, Scène II, 321*) [15].

Affirmer que le temps passe lentement ou rapidement, assigne une vitesse au temps. Or la vitesse s'exprime par rapport au temps ; mais la vitesse du temps par rapport au temps est un sophisme.

Voyons ce qui se produit exactement.

- Le temps ressenti

Ce sont les événements qui passent, et non le temps ou la durée. Dans les mêmes circonstances, un événement désagréable semble passer moins vite qu'un événement agréable, en raison de la douleur physique ou de la souffrance morale. Il se produit des événements que l'on ressent comme plus ou moins agréables, ou au contraire comme plus ou moins désagréables ; de sorte que *temps ressenti* et *durée ressentie* sont du domaine de la psychologie.

Ce qui est ressenti, ce sont les événements.

---

[21] Hétérochronie : du Grec *heteros* (autre) : variations dans le ressenti du temps.

VIEILLISSEMENT ET TEMPS

La Médecine a introduit une distinction entre l'âge chronologique d'un sujet et son âge biologique.

- L'âge chronologique

L'âge chronologique d'un sujet est « ce qui sépare sa naissance et aujourd'hui » ; l'information est pauvre. L'âge chronologique n'est pas observable en tant que tel, et il augmente à la même vitesse pour tous, ce qui n'est pas vrai pour l'âge biologique. Un sujet très âgé est considéré comme vieux, sans donner d'informations sur sa santé. Le verbe « vieillir » possède une double signification : devenir âgé (augmentation de l'âge) et devenir vieux (détérioration de l'état de santé).

- L'âge biologique

L'âge biologique constate l'état physique d'un sujet ; c'est une réalité observable, mais difficile à évaluer tant elle est riche d'informations. Il y a un grand nombre de critères pour évaluer l'âge biologique, et la sélection est arbitraire. La figure 9 montre que la courbe de l'âge chronologique d'un sujet est une droite bissectrice ; par contre la courbe de l'âge biologique estimé présente un aspect erratique.

Dans cette simulation, à une date « t », l'âge biologique est supérieur à l'âge chronologique : on dit que le sujet fait « plus vieux que son âge ». Un peu avant on distingue une période au cours de laquelle il faisait « plus jeune que son âge ».

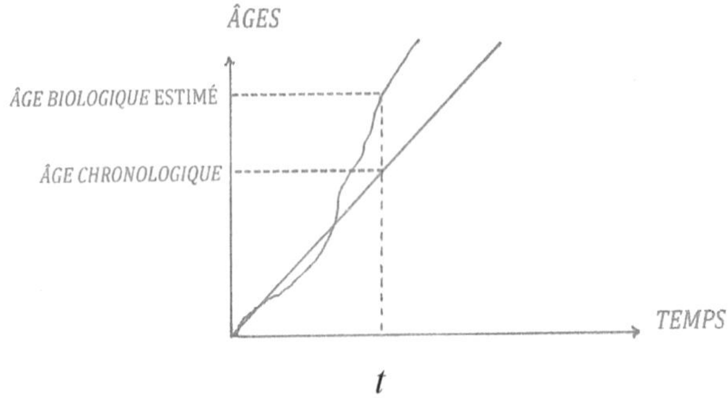

Fig. 9 : Comparaison de l'âge chronologique et de l'âge biologique d'un sujet à l'instant « t ».

- <u>Le vieillissement biologique</u>

En 2017, j'ai introduit le concept de vieillissement biologique, avec trois exemples qui montrent pourquoi le vieillissement biologique est une conséquence et non une cause :

— La coloration progressive des dents n'est pas due au vieillissement ; la nourriture, le tabagisme, le défaut d'hygiène figurent parmi les causes.

— Les rides ne sont pas liées à l'âge ; elles apparaissent quand les cellules ont épuisé leur faculté de se diviser : en Asie centrale les rides apparaissent très tôt en raison de la rigueur climatique.

RIDES (observées) ---> VIEILLISSEMENT BIOLOGIQUE (concept)

— L'arthrose ne résulte pas du vieillissement biologique, mais de facteurs antécédents. En fait, c'est le vieillissement biologique qui est une conséquence de l'arthrose :

ARTHROSE ---> VIEILLISSEMENT BIOLOGIQUE

- Le vieillissement des cellules

Une cellule se divise en deux cellules, chacune se divisant à son tour. La division est provoquée par le gène de la cellule et par son environnement ; elle s'effectue dans une limite de 50 à 60 dédoublements selon les travaux *in vitro* de L. Hayflick, aux USA au début des années 1960 [16].

La longévité de la cellule est conditionnée par la longueur du télomère, un segment situé aux extrémités de son chromosome. Le télomère raccourcit au fur et à mesure des divisions cellulaires (mitose) et avec les *stress*. Ce segment est protégé par une enzyme, la télomérase, qui défend l'intégrité du génome, en contrôlant l'amorce de la division cellulaire.

Le vieillissement d'une cellule sera par conséquent ralenti en agissant sur les causes principales de déséquilibre : les facteurs de stress et les faiblesses génétiques.

- Les causes du vieillissement

Le temps n'est pas la cause du vieillissement des cellules. Mais ce rejet de la confusion entre temps et vieillissement peut-il être généralisé à tous les systèmes vivants ?

L'inné et l'acquis sont des composantes actives du vieillissement de n'importe quel système :

L'inné d'un organisme est constitué par son patrimoine génétique. Des systèmes similaires peuvent vieillir différemment les uns comparés aux autres ; ce ne serait naturellement pas le cas si le temps était la cause de leur vieillissement. Dans l'acquis, il y a notamment le mode de vie. C'est ainsi que les déficits de médicalisation et d'hygiène, superposés aux carences nutritionnelles endémiques, entretiennent toute une gamme de différentes pathologies, jusqu'à réduire l'espérance de vie d'un facteur 3 ou 4, nous ramenant aux normes de l'Énéolithique[22], comme le montre le milliard de nos congénères qui subsistent en grande détresse au début de ce troisième millénaire.

La réduction progressive de l'écart de la durée de vie entre hommes et femmes observée ces dernières décennies s'explique par l'augmentation de la consommation féminine de tabac et d'alcool, et ce, dès l'adolescence voire même dès la préadolescence. Des données relevées en Inde à la fin des années 1980, constataient une inversion de la durée de vie moyenne : 45 ans pour les hommes et 43 ans pour les femmes [17]. L'écart inversé vient de ce que l'hommes mangeait en premier, la femme et les enfants se partageant les restes ; une situation aggravée par un important tabagisme féminin.

[22] Énéolithique : fin du Néolithique, 3000-2500 AEC.

BIORYTHMES ET CHRONOBIOLOGIE

Il y a rythme lorsqu'un événement, un phénomène, ou l'état d'un système, se répète. Les alternances lunaire ou solaires, les oscillations du Césium, présentent des rythmes réguliers. Par contre, les rythmes produits par des systèmes vivant, comme les battements du cœur, le sommeil, le besoin de s'alimenter, sont irréguliers, imprécis ; on ne peut les assimiler à des horloges biologiques, alors qu'il s'agit de biorythmes.

Les pulsations spontanées et prolongées d'un fragment myocardique dans un soluté glucosé procèdent du même protocole atemporel : l'état physique du fragment évolue avec consommation d'énergie sous la forme de sucre. Le temps n'intervient pas.

PAS D'ÉNERGIE ---> PAS DE PULSATIONS

Les pulsations cardiaques sont parfaitement observables : une pulsation n'est pas un concept, et la confusion avec le temps est évidemment une erreur. Il faut ajouter que les rythmes biologiques ne respectent pas les exigences de régularité et de précision d'une horloge. On peut donc parler de biorythmes, mais en aucun cas de chronobiologie [18] : la « flèche de temps biologique » est une métaphore impropre.

DES EXPÉRIENCES SUR LE TEMPS

- Des expériences sur les horloges

À la surface de la Lune, la gravité est environ 6 fois moins intense qu'à la surface de la Terre. Une montre n'est pas affectée, mais les aiguilles d'une horloge à balancier avancent 2,45 fois moins vite. Une horloge atomique est peu affectée ; sa précision augmente sensiblement (*Ch. 6*) [19].

À la surface du Soleil, la gravité est 28 fois plus intense qu'à la surface de la Terre. Le balancier d'une horloge battrait 4,6 fois plus vite, et l'horloge prendrait une avance de 4,6 années par an. Une horloge atomique prendrait une avance d'environ une minute par an (*Ch. 6*) [19].

En microgravité, telle que dans un véhicule en orbite, la clepsydre, le sablier, l'horloge à pendule, cessent de fonctionner ; par contre la précision de l'horloge atomique augmente. Il s'en conclut que la gravité affecte le fonctionnement des horloges au gré de leur technologie, de sorte que les expériences sur les horloges ne sont pas des expériences sur le temps. Il faut admettre ce résultat.

On regarde le nombril d'Êve, mais notre œil ne voit pas l'anachronisme de sa représentation.

- L'expérience de Langevin

L'expérience fictive (1911) du physicien français Paul Langevin (1872-1946) illustre cette remarque : selon les calculs, un jumeau de retour d'un voyage relativiste accéléré est devenu moins âgé que son frère resté sur terre [20]. Ce paradoxe résulte de l'absence de distinction entre l'âge chronologique et l'âge biologique. Que signifie « moins âgé » ? L'âge chronologique peut être soumis à des calculs relativistes, mais pas à des expériences physiologiques ; par contre, l'âge biologique résiste aux calculs, mais pas aux stress ; moins âgé (nombre d'années) ne signifie pas plus jeune (meilleur état de santé) : on imagine aisément que le stress relativiste provoquerait un vieillissement biologique additionnel que les calculs sont incapables d'évaluer. L'expérience de Langevin confirme l'impossibilité de pratiquer des expériences sur le temps [23].

DÉMOGRAPHIE ET VIEILLISSEMENT D'UNE POPULATION

Dans les pays développés, l'âge chronologique moyen d'une population est plus élevé que dans les pays pauvres. Dans ces derniers, l'âge moyen est bas parce que la mortalité infantile entre 0 et 6 ans est proche de 50 %, que les taux de naissances sont élevés, et que les adultes meurent jeunes, en raison de la malnutrition, de l'absence d'hygiène, de la sous médicalisation [17] ; ce qui suggère le théorème : « Un âge moyen bas suspecte le sous-développement ».

Les démographes s'alarment du vieillissement chronologique de la population des pays développés, sans voir la baisse du vieillissement biologique, laquelle est une conséquence normale de l'élévation du niveau de vie ; ils saluent la dynamique démographique des pays pauvres, sans comprendre que c'est au prix d'un vieillissement biologique anormalement élevé : un Européen de 70 ans est en meilleure état de santé qu'un Yéménite de 35 ans. Cette erreur d'analyse résulte de l'ignorance des concepts d'âge biologique et de vieillissement biologique : en l'occurrence, le temps est un indicateur démographique défaillant.

PROPRIÉTÉS DU TEMPS

Une des conséquences de la définition est que le temps n'a pas de propriétés physiques. Par contre il possède des propriétés mathématiques qui dépendent du champ de la physique. Le temps classique est continu et déterministe ; le « temps quantique » est discontinu et probabiliste parce que les états quantiques le sont ; en physique relativiste le temps est continu, déterministe mais relégué au rang de composante de l'espace-temps. Pour sa théorie des trous noirs, Stephen Hawking a introduit un temps mathématiquement imaginaire ($\tau = i\,t$) [19] . Ce n'était possible que si le temps était un concept.

CHAPITRE V

UNE THÉORIE SANS ESPACE ET SANS TEMPS

Le temps et l'espace sont des concepts très performants, cependant Einstein aurait souhaité une Théorie de la Relativité sans espace et sans temps ; il ajoutait qu'il ignorait comment faire (p. 44) [21]. En 2012, j'ai écrit qu'une bonne définition devait avoir des prolongements théoriques. On peut tenter de procéder de manière élémentaire, à partir des définitions des deux concepts d'espace et de temps. Au préalable la clarification de quelques notions est indispensable.

LA DICHOTOMIE ESPACE & TEMPS

Toute étude sur l'espace et le temps, soulève une impressionnante dichotomie[23].

[23] Dichotomie : du Grec *dikha* : en deux ; et *tomos* : portion.

La dichotomie, qui consiste à comparer, relier, opposer deux sujets, est souvent confondue avec la dialectique[24] qui est l'étude d'un sujet par une discussion approfondie.

Si la dialectique du temps est abondante, elle est souvent infantile, voire erronée. La dialectique de l'espace est pratiquement inexistante. Cependant la dichotomie espace et temps a connu un remarquable développement depuis l'invention de la vélocité au Ve siècle AEC, jusqu'à l'espace-temps de la Relativité Restreinte en 1905.

LA VÉLOCITÉ

Hérodote (*Livre I, 203 ; Livre II, 6, 19 & 31*) [5] et Thucydide (*II, 97*] [7] utilisent *marche en un jour* ; *navigation en un jour* et *navigation en un mois*, qui indiquent ce qui a été parcouru en un jour ou en un mois : ces deux prestigieux historiens pérennisent la vélocité en combinant, sans le savoir, l'espace et le temps :

Marche totale = (marche en un jour) x (nombre de jours)
Un mouvement uniforme qui s'écrit, sous réserve que les mots soient définis :
Distance parcourue = (vitesse) x (durée)

Étant donné que la distance (espace), la durée (temps) et la vitesse ne sont pas définies par le BIPM [1], nous sommes

[24] Dialectique : du Grec *dialectikê* : l'art de la discussion.

face à une difficulté d'ordre théorique qui doit être résolue d'une manière ou d'une autre.

LA SECONDE

Dans sa « Brochure SI », mise à jour en 2022, le BIPM définit la seconde :

« La seconde… est définie en prenant la valeur numérique fixée de la fréquence du césium, $\Delta\nu_c$, la fréquence de la transition hyperfine de l'état fondamental de l'atome de césium 133 non perturbé, égale à 9 192 631 770 lorsqu'elle est exprimée en Hz, unité égale à s^{-1}.

L'effet de cette définition est que la seconde est la durée de 9 192 631 770 périodes de la radiation correspondant à la transition entre les deux niveaux hyperfins de l'état fondamental de l'atome de césium 133 » [1].

- Définir la seconde en fonction de l'inverse de la seconde est un sophisme.
- La période étant la durée d'un cycle, la durée de 9 192 631 770 durées de cycle est un sophisme : le mot période doit être remplacé par cycle.

Les cycles sont un phénomène mesurable, alors que la seconde est un concept ; d'où une définition cohérente sans les mots « durée » et « période », et sans référence à l'inverse de la seconde :

« La seconde correspond à 9 192 631 770 cycles de la radiation correspondant à la transition entre les deux niveaux hyperfins de l'état fondamental de l'atome de césium 133 »

LE MÈTRE

Selon la brochure du BIPM mise à jour en 2022 :

« Le mètre… est défini en prenant la valeur numérique fixée de la vitesse de la lumière dans le vide, *c*, égale à 299 792 458 lorsqu'elle est exprimée en ms^{-1}, la seconde étant définis en fonction de $\Delta\nu_c$.

L'effet de cette définition est qu'un mètre est la longueur parcourue par la lumière dans le vide pendant un intervalle de temps d'une durée de 1/299 792 458e de seconde »[1].

- Les mots longueur, temps et durée ne devraient pas être utilisés tant qu'ils ne sont pas définis. Le pléonasme « intervalle de temps d'une durée… » serait évité.
- Définir le mètre par rapport à la vitesse de la lumière, qui est elle-même exprimée par rapport au mètre est un sophisme.
- Étant donné que la vitesse de la lumière est une constante fondamentale, la vitesse doit posséder sa propre unité : dans la suite, j'utilise « cel » au lieu de « ms^{-1} » ; alors c = 299 792 458 cel.

- Définir le mètre par rapport à la seconde, aliène l'espace au temps ; ce qui est une erreur. Dans la Relativité, l'espace et le temps sont des composantes de l'espace-temps, certes covariantes, mais indépendantes l'une de l'autre.

Le terme « $c/\Delta\nu_c$ » correspond à la longueur « λ_c » (lettre grecque *lambda*) d'un cycle :

$$\lambda_c = c/\Delta\nu_c$$
$$\lambda_c = 299\,792\,458\ cel\,/\,9\,192\,631\,770\ Hz$$
$$\lambda_c = (299\,792\,458\,/\,9\,192\,631\,770)\ cel/Hz$$

Le terme « cel/Hz » correspond à l'unité internationale de longueur : le mètre.

$$\lambda_c = (299\,792\,458\,/\,9\,192\,631\,770)\ m$$
$$\lambda_c \approx 0{,}032\,612\,2\ m$$

Donc 1 m = (9 192 631 770/299 792 458) $\lambda_c \approx$ 30,663 319 λ_c

« Le mètre est égal à (9 192 631 770 / 299 792 458) fois la longueur d'onde du césium… soit environ 30,663 319 fois la longueur d'onde « λ_c » du Césium »

Une autre définition du mètre :

« Le mètre est ce qui sépare deux positions d'une onde électro-magnétique (ou d'un photon) après 30,663 319 cycles du césium ».

La seconde et le mètre sont définis à l'aide de constantes fondamentales ; on n'a pas besoin de la seconde pour définir le mètre, ni du mètre pour définir la seconde : il n'y a pas de relation entre ces deux unités, pas plus qu'entre le temps et l'espace.

LA BAGUETTE D'EINSTEIN

En physique classique, les valeurs des paramètres qui décrivent un système (tels que la longueur, la durée de vie, la température, la vitesse) sont invariantes : cela veut dire que les valeurs reçues par l'observateur sont les mêmes que les valeurs émises par le système.

Exemple avec Einstein qui marche vers la boulangerie à la vitesse « v » (Figure 1). Comme chaque matin, la longueur de l'image de la baguette reçue par Einstein, est égale à la longueur de l'image émise par la baguette. C'est vrai pour tous les autres paramètres. On dit qu'ils sont invariants au cours de leur voyage, ici depuis le référentiel de la baguette jusqu'au référentiel d'Einstein.

Noter que l'image de la baguette voyage jusqu'à Einstein à la vitesse de la lumière « c ».

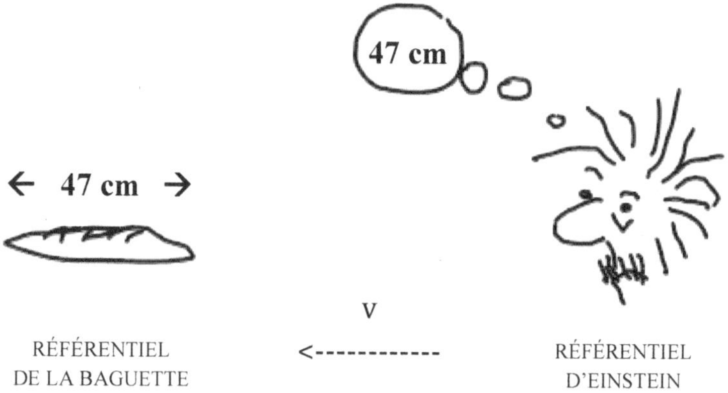

Figure 1 : L'invariance des paramètres :
la valeur reçue est égale à la valeur émise

Quand les deux référentiels se déplacent l'un par rapport à l'autre à une vitesse relativiste « v », les paramètres cessent d'être invariants. Par exemple si cette vitesse vaut « *c*/2 » (la moitié de celle de la lumière) (Figure 2), la baguette paraît à Einstein plus courte : 41 cm au lieu de 47 cm. On constate une contraction des longueurs, une dilatation des durées et des masses, etc. : tous les paramètres sont covariants, sauf la vitesse de la lumière qui est invariante. Le phénomène, provoqué par la vitesse relativiste entre les deux référentiels, est réciproque : le boulanger voit Einstein plus petit : 1m47 au lieu de 1m70.

Par contre, il y a sept baguettes en vitrine et Einstein voit les sept baguettes ; le contexte relativiste ne modifie pas le nombre de baguettes. On dit que ce nombre est invariant.

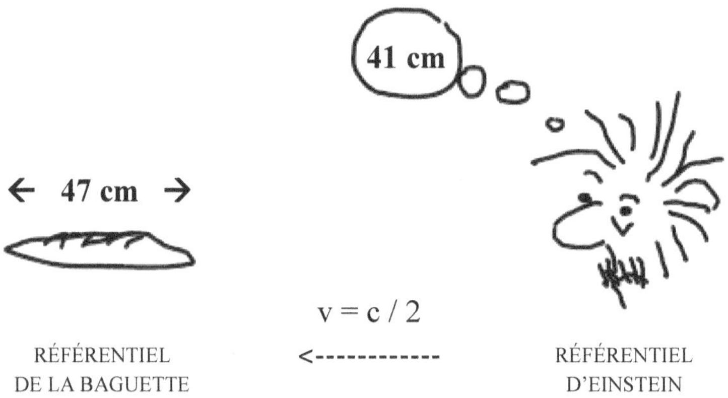

Fig. 2 : La covariance de la longueur : Einstein voit la baguette plus courte. Le boulanger voit Einstein plus petit.

L'invariance est rétablie à l'aide d'un concept appelé intervalle élémentaire d'*espace-temps* « ds », qui est une combinaison mathématique de l'espace « dx », « dy », « dz », et du temps « dt », telle que :

$$ds^2 = c^2dt^2 - (dx^2 + dy^2 + dz^2) \qquad (1)$$

Cela veut dire que « ds » reçu par Einstein est égal au « ds' » émis par la baguette.

UNE THÉORIE SANS ESPACE ET SANS TEMPS

Maintenant que le temps et l'espace sont définis, et que leur nature et leurs propriétés sont identifiées, il s'agit de voir s'ils peuvent être éliminés de l'équation (1), conformément au souhait d'Einstein.

- L'élimination du temps :

Le nombre de cycles « dn » (ou de fragments de cycle) produits par un système alternatif de fréquence « ν » (lettre grecque *nu*) est invariant comme le nombre de baguettes dans la vitrine de la boulangerie d'Einstein ; il s'écrit :

$$dn = \nu\, dt$$

Il s'en déduit la durée de l'événement :

$$dt = dn/\nu$$

La durée « dt » d'un phénomène est déduite du nombre de cycles (ou de fragments de cycle) « dn » effectué par l'horloge entre le début et la fin de l'événement.

Exemple : quand une horloge au césium réalise dn = 919 263 177 cycles, cela correspond à un temps « dt » de 1/10e de seconde.

Le BIPM rappelle que l'horloge au Césium est précise entre 10^{-15} et 10^{-16}, ce qui est considérable.

L'élimination de l'espace :

Pour simplifier l'exposé on se limite à une seule coordonnée spatiale, ce qui est le cas entre Einstein et la boulangerie.

La longueur « dl » est remplacée par un multiple (et/ou sous-multiple) de la longueur d'onde « λ_c » du césium ; on pose :

$$dl = \lambda_c\, dk$$

Exemple : si dk = 0,663 319, alors dl ≈ (0,032 612 2 x 0,663 319) m ≈ 0,021 632 3 m

Le nombre « dk » est invariant, comme le nombre de baguettes d'Einstein.

Dans l'équation (1), on remplace « dt » par « λ dn/*c* » et « dl » par « λ_c dk ».

L'intervalle élémentaire invariant (1) devient :

Dans le référentiel du boulanger :

$$ds^2 = dn^2\ c^2/v^2 - (dk_x^2 + dk_y^2 + dk_z^2)\ \lambda_c^2$$

Dans le référentiel d'Einstein :

$$ds'^2 = dn^2\ c^2/v'^2 - (dk_x^2 + dk_y^2 + dk_z^2)\ \lambda_c'^2$$

L'invariance s'exprime par : ds' = ds et l'équation d'invariance s'écrit alors :

$$dn^2\ c^2/v'^2 - (dk_x^2 + dk_y^2 + dk_z^2)\ \lambda_c'^2 = dn^2\ c^2/v^2 - (dk_x^2 + dk_y^2 + dk_z^2)\ \lambda_c^2$$

CONCEPTS ET PHÉNOMÈNES

La procédure qui a été développée n'aurait pu l'être sans le recours aux différentes définitions, lesquelles n'existaient pas, ou existaient encore à l'état embryonnaire à l'époque d'Einstein (1879-1955). L'intérêt de ce résultat est que, dans l'équation d'invariance, les concepts d'espace et de temps sont remplacés par des longueurs d'ondes, ou des fréquences, qui sont des phénomènes. Comme Einstein le soupçonnait, le temps et l'espace ne sont pas indispensables. Ce retour des phénomènes, au détriment des concepts, doit maintenant être évalué pour décider s'il est bénéfique ou non.

RÉFÉRENCES BIBLIOGRAPHIQUES

[1] BIPM : Bureau International des Poids et Mesures - Brochure SI : Système International d'Unités 9e édition (2019) (mise à jour en 2022).

[2] Plutarque : *Vies Parallèles* (Robert Laffont - Paris 2001).

[3] Gaffiot : *Dictionnaire Latin-Français* (Hachette 2012).

[4] André Leiknam B. & Ziegler Ch. : *Naissance de l'écriture ; cunéiformes et hiéroglyphes* (Réunion des Musées Nationaux - Paris 1982).

[5] Hérodote : *L'Enquête* (A. Barguet — Gallimard — 1964).

[6] Lucrèce : *de rerum natura* (La nature des choses) (Gallimard 2010).

[7] Thucydide : *La guerre du Péloponnèse* (Gallimard 1964).

[8] Begelsbacher B. : *Arts et Civilisations - L'Égypte* - (Artis Historia - Bruxelles 1987).

[9] Desroches Noblecourt Ch. : *La Femme au Temps des Pharaons* (Stock - 1986).

[10] Carpiceci A. : *Merveilleuse Égypte des Pharaons* (*Egitto* Casa Editrice Bonechi 1980).

[11] Céram C. W. : *Le Secret des Hittites* - (Plon 1955).

[12] Conteneau Dr. G. : *La Civilisation d'Assur et de Babylone* (Payot 1937).

[13] Dassonville P. : *The Enigma of Felt Time* dans EC Psychology and Psychiatry (ECronicon, Londres 2022).

[14] Horace : « *Odes* » (GF-Flammarion 1967).

[15] Shakespeare W. : *The complete works of William Shakespeare* (London Oxford University Press 1964).

[16] L. Robert dans Klein E. & Spiro M. : *Le temps et sa flèche* (Champs Sciences Flammarion 1996).

[17] Annual Report of the World Health Organization (OMS 1990).

[18] Dassonville P. : *Biorhytm & Chronobiology* dans Current Trends in Biomedical Engineering & Biosciences (Juniper Publishers, Simi Valley, CA, USA 2018).

[19] Hawking S. : *A Briefer History of Time* (Bantam Dell, New York 2005).

[20] Pascoli G. : *La Gravitation* (PUF 1995).

[21] Klein E. : *Le facteur ne sonne jamais deux fois* (Champs Sciences Flammarion 2009)

[22] Mavrides S. : *La Relativité* (PUF 1995).

[23] Dassonville P. : *Gravitational Stress & Biological Aging* dans Archives in Biomedical Engineering & Biotechnology (Iris Publishers, San Francisco 2019).

Table des matières

INTRODUCTION **9**

CHAPITRE I COMMENT PROCÉDER **11**

LES ERREURS À PROSCRIRE 11

DISTINGUER RÉALITÉ ET CONCEPT 12

DÉFINIR LE TEMPS 13

CHAPITRE II UN PRÉCURSEUR DU TEMPS **17**

L'AVÈNEMENT DE L'ÉCRITURE 17

L'ÉTERNITÉ 19

EN ÉGYPTE 20

DANS L'EMPIRE HITTITE 21

EN MÉSOPOTAMIE 22

CHAPITRE III L'INVENTION DU TEMPS **23**

DÉFINITION DU MOIS 24

DÉFINITION DE L'ANNÉE 25

DÉFINITION DU TEMPS 26

CHAPITRE IV CONSÉQUENCES DE L'INVENTION DU TEMPS **29**

LE TEMPS RESSENTI 29

- L'hétérochronie 30
- Le temps ressenti 30

VIEILLISSEMENT ET TEMPS 31
- L'âge chronologique 31
- L'âge biologique 31
- Le vieillissement biologique 32
- Le vieillissement des cellules 33
- Les causes du vieillissement 33

BIORYTHMES ET CHRONOBIOLOGIE 35
DES EXPÉRIENCES SUR LE TEMPS 36
- Des expériences sur les horloges 36
- L'expérience de Langevin 36

DÉMOGRAPHIE ET VIEILLISSEMENT D'UNE POPULATION 37
PROPRIÉTÉS DU TEMPS 38

CHAPITRE V UNE THÉORIE SANS ESPACE ET SANS TEMPS..39

LA DICHOTOMIE ESPACE & TEMPS 39
LA VÉLOCITÉ 40
LA SECONDE...41
LE MÈTRE 42
LA BAGUETTE D'EINSTEIN 44
UNE THÉORIE SANS ESPACE ET SANS TEMPS 46
- L'élimination du temps : 47

CONCEPTS ET PHÉNOMÈNES 48

RÉFÉRENCES BIBLIOGRAPHIQUES 51

NomBre7
éditions

contact@nombre7.fr — 04 66 05 87 18

Imprimé en France — octobre 2023
Dépôt légal second semestre 2023

www.ingramcontent.com/pod-product-compliance
Lightning Source LLC
LaVergne TN
LVHW100222205 1026
849558LV00036BA/500
9782385910327